動物警察達克比你好，

　　我是科學博物館的研究員噗噗跳。最近我們在舉辦古代恐龍的蛋蛋特展，但是世界最大的恐龍蛋卻突然不見了！（害我急得噗噗跳ㄕㄨ）請你一定要幫我們找回這顆蛋！少了它，展覽就沒辦法展出了。為了方便調查，我們在發現恐龍蛋消失時，就馬上關閉了所有出口，所以犯人一定還在博物館裡。拜託你趕快來幫助我們找回消失的恐龍蛋吧！

　　　　　　　　　　焦急的博物館研究員　敬上
　　　　　　　　　　　　　噗噗跳

達克比出任務 ❶

誰是偷蛋賊？
科學博物館的恐龍大調查

文 胡妙芬、楊子睿　圖 Sonia Ku
監修 國立自然科學博物館

「太好了，達克比你終於來了，失蹤的恐龍蛋對我們來說很重要，麻煩你了！」研究員噗噗跳握住達克比的手激動的說。

「包在我身上！不過，這個地方好大，感覺一個星期都逛不完！」達克比仔細打量著高聳的大廳和琳瑯滿目的展覽品，希望找到破案線索。

3

「那當然！博物館不只是一個舉辦展覽，讓民眾來參觀和學習的地方，也收藏世界很多重要的文物，還有自然史物件或動、植物標本。功能就像一所大學，內部可是有很多研究在進行呢！」噗噗跳得意的介紹著，像是忘了還有案件要解決。

擁有「恐龍展廳」的世界聞名博物館

美國自然史博物館
已經有超過150年的歷史，是著名電影《博物館驚魂夜》的拍攝地點。曾經創下一年500多萬人參觀的紀錄！

德國森肯堡自然博物館
經常舉辦大型活動的恐龍展覽，受到孩子熱烈歡迎。在這裡，你還能看到一整顆塞鯨的心臟！

4

日本福井恐龍博物館
世界三大恐龍博物館之一，外型像一顆神祕的銀色恐龍蛋。鄰近的福井縣立大學還預計要成立恐龍學系！

中國保定自然博物館
中國是全世界命名最多恐龍的國家。這間博物館在 2024 年初才開館，裡頭有「恐龍帝國」展廳，展出許多恐龍展品！

「所以博物館裡還藏著許多觀眾看不見的地方？」擔心噗噗跳會介紹個沒完沒了的，達克比趕緊插了個問題。

「沒錯。這些角落是不同人員工作的地方，像是蒐藏庫、實驗室和工作室。每一間博物館都是由很多不同職位的人分工合作，才能完成展示、教育、收藏和研究的巨大任務！」

噗噗跳越說越興奮，達克比卻不禁擔心了起來：「慘了！這麼多人都是嫌疑犯，要怎麼找出偷蛋賊啊？」

館長

領導所有的工作人員，負責規劃博物館的發展方向。

研究員

負責研究館藏的知識，經常到處演講，是來自各個領域的專家。

展示設計師

設計博物館的展覽，像是展出的項目、時間與方法等。

導覽志工

自願受訓、幫忙解說展品的人。一個展覽的成功，導覽員的解說功力也功不可沒。

蒐藏經理

負責管理蒐藏庫裡的標本。為了保護標本，蒐藏庫的溫度、溼度要一直保持一樣。

清修師

把化石從岩石裡清修出來的人。清修化石需要投入好幾年的時間，並具備細心和耐心。

警衛

看守博物館的展品，保護遊客的安全。

技師

負責維護展場燈光、水電、冷氣等工作。

銷售人員

在博物館商店裡販賣紀念品的人員。

行政人員

處理博物館的行政事務，包括會計、行銷宣傳、教育人員、志工管理人員等。

介紹完博物館的基本資訊後，噗噗跳想起自己還有事要忙而匆匆離去，留下達克比在大廳裡自行尋找線索。

鴨嘴龍

偌大的展廳靜悄悄，除了達克比和恐龍骨骼化石外，沒有其他人。達克比東看看、西瞧瞧，想找出任何與案件有關的蛛絲馬跡。突然間，一雙銳利的眼睛亮了起來，把達克比嚇了一大跳！

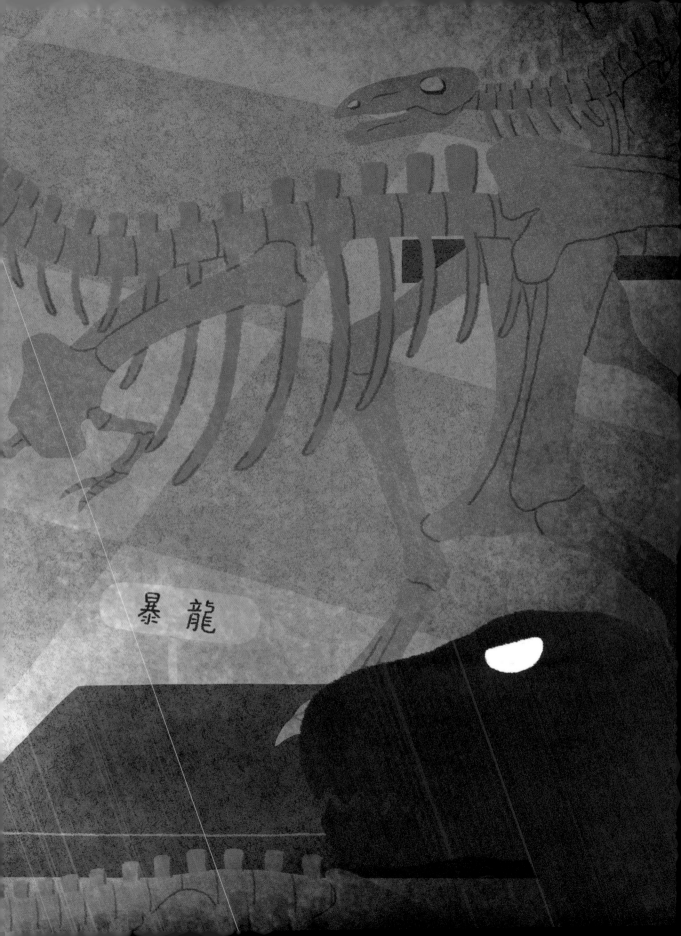

「是誰？」達克比大叫：「還不快站出來！」

砰、砰、砰……從黑暗中走出來的，竟然是一隻暴龍！

「你怎麼會動？我還以為你是模型！」達克比嚇得倒退三步。

「我本來在追三角龍，突然就跑來這裡了。」暴龍歪著頭說。「聽說你是動物警察，可以幫助我回到恐龍時代嗎？」

我們暴龍是大型的肉食性恐龍，身長可達 14 公尺，生存在 6800 到 6600 萬年前的北美洲，是世界上最晚出現的恐龍之一。我們的體型巨大，嘴巴的咬力超強，但雙手很短，也沒辦法快速奔跑。

暴龍小祕密

有些科學家推測暴龍不會張嘴大吼，而是嘴唇緊閉，發出嘶吼的聲音。

起初科學家斷定暴龍是凶猛的掠食動物，但現在也有人認為牠們可能只會吃腐屍，或搶其他動物的食物來吃。

「只要你不吃掉我，當然沒問題。」達克比說。「但是我得先抓到小偷，才能幫助你。你願意陪我一起辦案嗎？」

「這是我的榮幸。」暴龍深深一鞠躬：「關於恐龍的知識，我可以幫上一點忙，說不定還能找到讓我回家的方法。」

先來認識一下我們的恐龍生存的環境和年代吧！

恐龍時代的環境特色

恐龍生存的古代世界，和現在很不一樣。那時候的植物大部分是蕨類、蘇鐵，還有松、柏、銀杏等原始的裸子植物。現代常見的草和開花植物，在當時還沒有大量出現。

恐龍時代的天氣通常比現代潮溼、溫暖，海水位比較高，海洋和陸地的分布也不一樣。

地質年代表（單位：百萬年前）

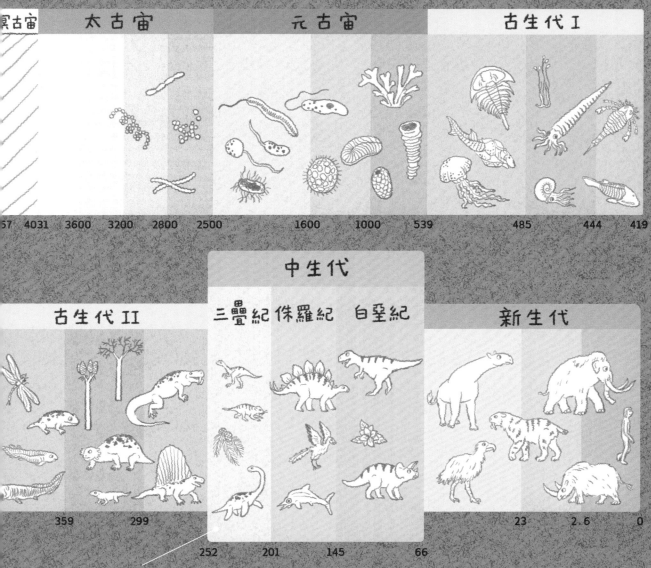

冥古宙	太古宙				元古宙			古生代Ⅰ		

4031　3600　3200　2800　2500　　1600　　1000　　539　　　485　　444　419

古生代Ⅱ		中生代 三疊紀 侏羅紀 白堊紀		新生代	

359　　　299　　　252　　　201　　　145　　　66　　　23　　2.6　　0

恐龍生存在中生代

恐龍生活在距今 2 億 3000 萬到 6600 萬年前。這段時間被劃分成「三疊紀」、「侏羅紀」和「白堊紀」，加起來合稱「中生代」。

13

三疊紀——恐龍崛起的年代

三疊紀霸主是巨大的鱷類。恐龍祖先很弱小，當時像始盜龍一類比較瘦小的恐龍經常被鱷類吃掉。

暴龍帶著達克比來到「三疊紀恐龍」展廳開始調查。

「這隻恐龍的名字中有個『盜』，該不會就是小偷吧？」達克比指著始盜龍的骨骼展品猜測。

暴龍揮著小手猛搖頭：「別誤會了，牠們是目前發現最古老的恐龍，算起來可是我們恐龍的老大哥。」

「啊！我真失禮。」達克比鞠躬道歉：「不過你們的祖先好小，看來跟其他巨無霸恐龍很不一樣。」

始盜龍

恐龍很可能是從南美洲演化而來，因為目前發現最古老的恐龍，包括始盜龍在內，都是在南美洲發現的。

布拉塞龍是三疊紀晚期最常見的植食性動物，長牙可以拔起植物或當作武器。

布拉塞龍

波斯特鱷

身長 4 公尺，三疊紀最大型的肉食性爬蟲類之一，是現代鱷魚的古代遠房親戚。

身長 5 到 7 公尺，可能是
以小型的恐龍如始盜龍
為食物。

蝕鱷

動作敏捷的肉食性恐龍，
可以群體合作，捕捉大
型的獵物來吃。

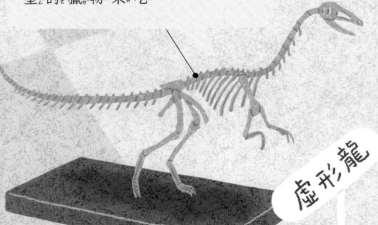

虛形龍

16

三疊紀的海陸分布

三疊紀的時候，地球上的陸地相連成一片大陸，稱為「盤古大陸」。

寒武紀
5.39 億年前至
4.85 億年前

泥盆紀
4.2 億年前至
3.6 億年前

二疊紀
3 億年前至
2.52 億年前

三疊紀
2.52 億年前至
2.01 億年前

三疊紀生物身形比一比

噗噗跳當比例尺

始盜龍　虛形龍　布拉塞龍　波斯特鱷　蜥鱷

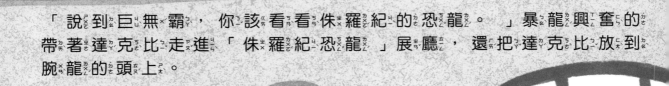

「說到巨無霸，你該看看侏羅紀的恐龍。」暴龍興奮的帶著達克比走進「侏羅紀恐龍」展廳，還把達克比放到腕龍的頭上。

「我有懼高症，快放我下來！」達克比叫道。從高處往下看，這些恐龍都好大！

暴龍調皮的笑了出來：「侏羅紀時期因為天氣溫暖、食物豐富，出現許多巨大恐龍，像是梁龍、腕龍、馬門溪龍，全都是侏羅紀的龐然大物。」

侏羅紀──恐龍稱霸的時代

許多巨大的植食性恐龍出現在侏羅紀。科學家猜測可能是為了抵抗肉食性恐龍的攻擊，所以牠們跟現代草原上的大象、長頸鹿一樣長得又高又大。

美領龍

是侏羅紀時期最小的肉食性恐龍，只有1公尺長，但速度快又靈活，以蜥蜴和昆蟲為食。

前腳短、後腳長、頭很小的植食性恐龍。背上的骨板可能是用來調節體溫。尾巴末端的長刺則用來抵抗敵人。

劍龍

手比腳短，有三根手指的肉食性恐龍，會成群捕食巨大的植食性恐龍。

異特龍

體長大約 20 公尺的大型植食性恐龍。前腳比後腳長，把頭高高抬起，像是恐龍世界的長頸鹿。

腕龍

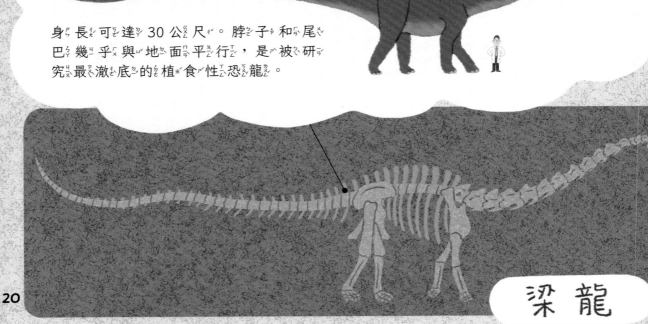

身長可達 30 公尺。脖子和尾巴幾乎與地面平行，是被研究最澈底的植食性恐龍。

梁龍

侏羅紀的海陸分布

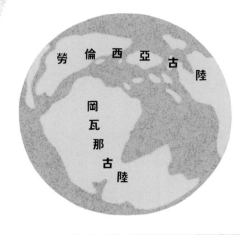

勞倫西亞古陸

岡瓦那古陸

侏羅紀時期，原本的盤古大陸分裂成南北兩塊大陸——勞倫西亞與岡瓦那古陸。

最大的植食性恐龍「馬門溪龍」，體長可到 35 公尺。特徵是脖子幾乎占了全身長度的一半，可以往上也可以往左右彎曲。

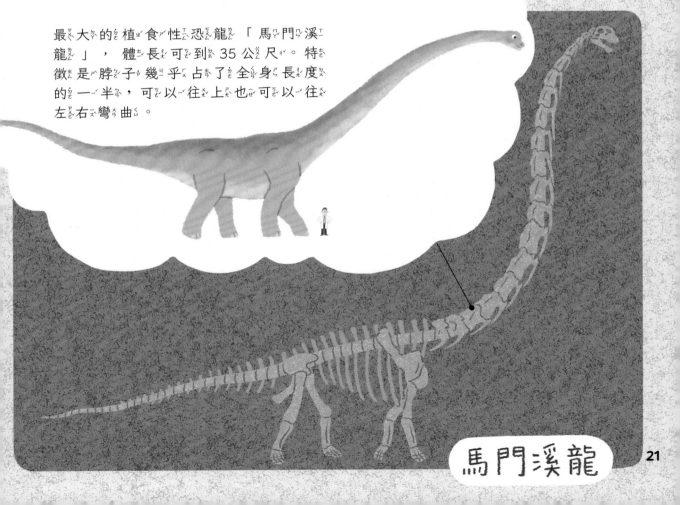

馬門溪龍

白堊紀——龐然大物的年代

進入白堊紀以後，恐龍種類繁多，還出現最重的肉食性恐龍，有些植食性恐龍也比侏羅紀更巨大，統治著世界各大洲。

棘龍

身長 14 到 15 公尺，是目前已知最長的肉食性恐龍。最大的特色是背上長著一片帆狀物，可能具有調節體溫或展示的功能。

三角龍

白堊紀最常見的植食性恐龍。有化石記錄到牠們與暴龍打架的過程。具有巨大的頭盾與三根犄角，嘴巴前端沒有牙齒。

去到「白堊紀恐龍」展廳時，暴龍驕傲的挺起胸膛：「這裡就輪到我們勇猛的暴龍上場了！」

「可這時代不僅只有恐龍，恐鱷、爬獸也出現在白堊紀。牠們雖然沒有暴龍大，但是照樣能吃掉小型的恐龍。如果把牠們放到當時暴龍出沒的北美洲，會不會是暴龍的競爭對手？」聽著暴龍的介紹，達克比一邊在心中與學過的知識對起來，一邊又環顧展廳，確認有沒有偷蛋賊遺留下來的線索。

爬獸

是一種小型哺乳類，體型跟貓咪差不多。科學家曾在一隻爬獸的肚子裡發現鸚鵡嘴龍的骨頭，這表示中生代的哺乳類會捕食一些小型恐龍。

巴塔哥巨龍

是生活在一億多年前阿根廷中部的植食性恐龍。 身體長達 37 公尺， 是到目前為止， 地球上已知最大的恐龍之一。

似鳥龍

身體帶有羽毛， 嘴巴像鳥一樣沒有牙齒。 是植物、 肉類和蛋都吃的雜食性恐龍， 身長大約 3.5 公尺， 站起來 2 公尺高， 跟現代的鴕鳥很像。

白堊紀的海陸分布

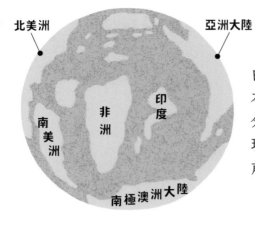

北美洲

亞洲大陸

南美洲

非洲

印度

南極澳洲大陸

白堊紀時期，原本相連的古大陸分散開來，朝向現代的位置緩慢前進。

恐鱷

恐鱷是短吻鱷的一種，屬爬蟲類，現已滅絕。體長可達 12 公尺，古生物學家認為牠們甚至有可能跟肉食性恐龍一拚高下。

快走快走，看到凶猛的恐鱷，連暴龍我都覺得怕怕！

不是恐龍的「龍」

有些古生物，像是天上飛的翼龍、水裡游的魚龍、滄龍或蛇頸龍，牠們的名字裡雖然有「龍」，卻不算是恐龍，只稱得上是恐龍的親戚，都屬於爬蟲類。

大眼魚龍

身形像海豚，體長約 6 公尺，是中生代侏羅紀的海洋爬蟲類。牠們以大眼睛聞名，能在光線微弱的海水中捕食魚類、烏賊或菊石。

蛇頸龍

有著長長的脖子，看起來就像傳說中的尼斯湖水怪，體長從 1.5 公尺到 15 公尺都有。

風神翼龍

是一種活在白堊紀末期的飛行性爬蟲類。翅膀極為寬大，站在地上時跟長頸鹿差不多高，被認為是至今地球上出現過的最大飛行動物。

滄龍

是一種巨型的海洋爬蟲類，生活在淺海中，體長最長能到 17 公尺。雖然名字裡面有龍，可是牠們的血緣其實跟蛇和蜥蜴比較接近。

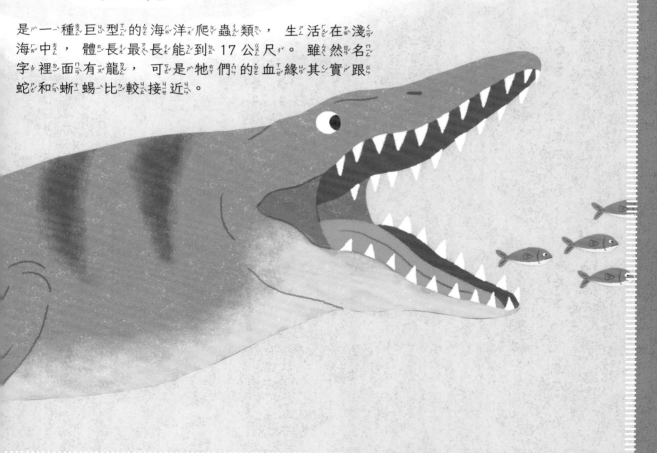

恐龍的祖先

恐龍隸屬於主龍大家庭。主龍大家庭中的成員，除了原來的主龍外，後來還演化出鱷魚、翼龍和恐龍。其中，原始的主龍在三疊紀末期從地球上滅絕，鱷魚、翼龍與恐龍則繼續壯大聲勢。

原來古代的鱷魚和恐龍是近親！

「為什麼恐龍能在地球上稱霸這麼久，有什麼特別厲害的地方嗎？」看完白堊紀的恐龍後，達克比忍不住納悶，心想這疑問或許是破案的線索之一。

「因為恐龍可以直立行走啊！」暴龍抬頭挺胸驕傲的回答：「幸好有老祖先把這項優點遺傳給我們，所以我相信恐龍會在地球上稱霸下去，直到永遠永遠！」

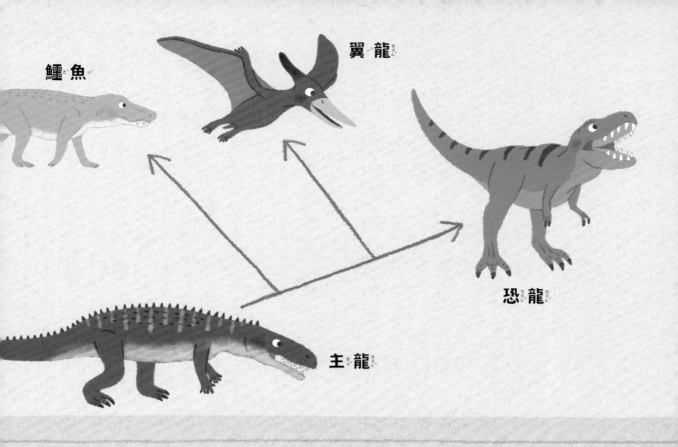

鱷魚

翼龍

恐龍

主龍

恐龍可以直立行走

恐龍能成為霸主的原因，主要是牠們能夠直立行走。因為當時其他爬蟲類的腳由身體向兩側伸出，很難支撐體重，爬起來又慢又費力；但是恐龍的腳卻位於身體下方，可以支撐身體的重量，不但能快速奔跑，體型也可以長得更巨大。

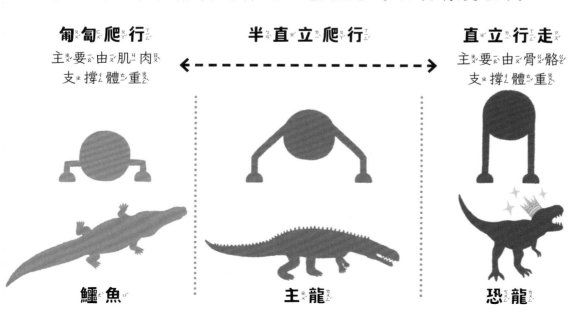

匍匐爬行
主要由肌肉
支撐體重

半直立爬行

直立行走
主要由骨骼
支撐體重

鱷魚

主龍

恐龍

「可惜，事情不像你所想的那樣。」達克比搖了搖頭說。「根據現代科學家的調查，恐龍不但沒有永遠稱霸，還在 6600 萬年前從地球上完全消失了！」

恐龍滅亡事件簿

恐龍在地球上稱霸了 1 億 4500 多萬年，怎麼會一下子全部不見了呢？「隕石撞擊」是最常見的說法。但事實上，還有超級火山爆發、開花植物出現、氣候改變等原因，使恐龍從 8000 多萬年前就開始漸漸減少，最後才在 6600 多萬年前隕石撞擊的恐怖災難中完全滅絕。

撞擊地球的隕石可能是來自太空的小行星，直徑大約 12 公里；掉落在今日北美洲的墨西哥灣，撞出一個 180 公里寬的隕石坑。

科學家研究了在隕石撞擊地附近發現的魚類化石，從牠們的死亡時間，可以推測隕石撞擊發生的季節是在春天。

「嗚，我還沒有長大，還想留下後代……」想到自己的命運，還有白堊紀的恐龍同伴們都會在隕石災難中滅亡，暴龍難過的哭了。

雖然有任務在身，但達克比暫時拋開辦案的緊張與苦惱，溫柔安慰著暴龍：「恐龍並沒有完全消失，鳥類就是你們留下的後代。你看，到現在牠們還活得好好的呢！」

32

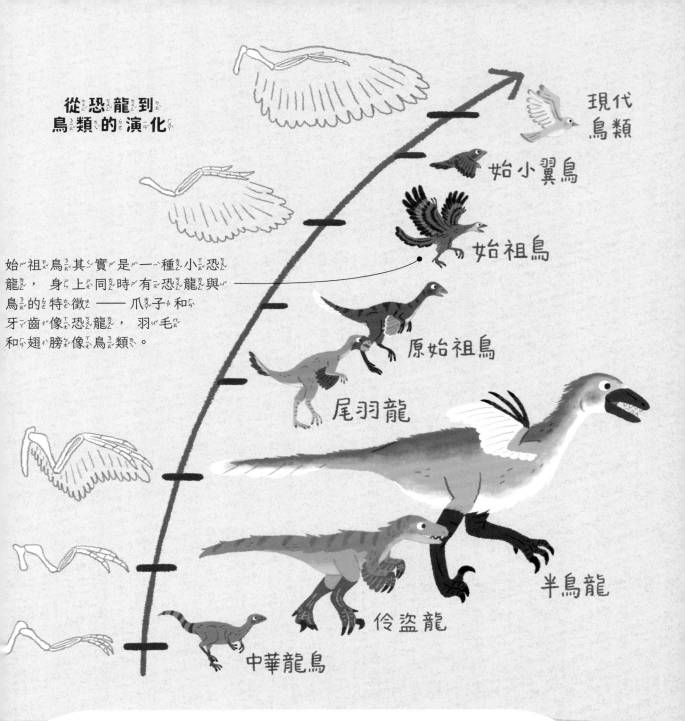

從恐龍到鳥類的演化

始祖鳥其實是一種小恐龍，身上同時有恐龍與鳥的特徵──爪子和牙齒像恐龍，羽毛和翅膀像鳥類。

現代鳥類

始小翼鳥

始祖鳥

原始祖鳥

尾羽龍

半鳥龍

伶盜龍

中華龍鳥

鳥類就是現代恐龍

在侏羅紀的時候，出現了一群恐龍，這群恐龍有羽毛、牙齒，而且成功從 6600 萬年前的大滅絕存活下來，成為在天空翱翔的鳥類。所以不管是吱吱喳喳的麻雀，或是亂大便的鴿子，其實都是恐龍的後代！

終於，暴龍和達克比一起來到發生竊案的展區。 一看到蛋蛋特展裡展示的各種恐龍蛋，暴龍立刻如數家珍的說：「恐龍蛋的形狀主要有兩種——圓形和長形。 泰坦巨龍家族和鴨嘴龍家族的蛋是圓形， 竊蛋龍家族和傷齒龍家族的蛋則是長形。 」

在現代所有陸地脊椎動物的蛋中， 只有鳥蛋是有顏色的。 而且根據研究， 恐龍蛋裡面也跟鳥蛋一樣有色素， 所以恐龍蛋也是有顏色的。

美麗傷齒龍
（傷齒龍家族）
15x7 公分

福氏鴨嘴龍
（鴨嘴龍家族）
13x12 公分

烏因庫爾阿根廷龍
（泰坦巨龍家族）
20x20 公分

勇士特暴龍
（暴龍家族）
40x17.5 公分

「消失的恐龍蛋附近被破壞得亂七八糟，看起來小偷很可能是一種巨大的動物。嗯……體型說不定跟你一樣！」達克比轉身問暴龍說：「暴龍，你覺得呢？」

暴龍支支吾吾，緊張的說不出話來。

到目前為止，人類發現最大的恐龍蛋長度約 61 公分。但是除非能檢查蛋裡面有什麼恐龍胚胎，否則沒辦法確定是哪一種恐龍的蛋。至今全世界能確定是哪種恐龍下的蛋只有 19 種。

最大恐龍蛋
（？）
61x17.9 公分

原高橋龍
（泰坦巨龍家族）
25x23 公分

中華貝貝龍
（竊蛋龍家族）
41.5x15.5 公分

「不……小偷應該是竊蛋龍吧！」暴龍趕緊說。「科學家不是認為竊蛋龍愛偷蛋，才把牠取名為『竊蛋龍』嗎？說不定有隻竊蛋龍跟我一樣，穿越時空來到這裡，偷走了世界最大的恐龍蛋！」

竊蛋龍被誤會的歷史

1923 年，有人在野外發現了一隻趴在蛋窩旁的恐龍化石。當時的科學家認為這些蛋是「原角龍」的，而這隻恐龍正在偷吃原角龍的蛋，所以把牠命名為「竊蛋龍」。後來在 1994 年，人們發現蛋中的胚胎其實是竊蛋龍寶寶，也就是說竊蛋龍不是在偷蛋，而是在照顧自己的蛋。可是根據生物命名的規定不能更改名字，所以被誤會的竊蛋龍，到現在還是叫做竊蛋龍。

達克比覺得奇怪，熟知恐龍知識的暴龍應該很清楚，竊蛋龍明明是被誤會的，為什麼故意說凶手就是竊蛋龍呢？

「哼，你為什麼要混淆辦案方向？ 該不會小偷就是你吧？」達克比指著暴龍大聲質疑。

竊蛋龍是一群生存於白堊紀的小型帶羽毛恐龍，身長頂多 2 公尺。 牠們的蛋是目前化石紀錄裡面保存最多的。 竊蛋龍可能是由爸爸負責孵蛋。

竊蛋龍的蛋是長形的，表面有明顯的條紋，而且可能是藍綠色的。 因為牠們是一次下兩顆蛋，所以都是成對的排列。

「哇ㄨˊ──嗚ㄨ──」這ㄓˋ時ㄕˊ暴ㄅㄠˋ龍ㄌㄨㄥˊ突ㄊㄨˊ然ㄖㄢˊ坐ㄗㄨㄛˋ在ㄗㄞˋ地ㄉㄧˋ上ㄕㄤˋ，又ㄧㄡˋ大ㄉㄚˋ聲ㄕㄥ哭ㄎㄨ了ㄌㄜ出ㄔㄨ來ㄌㄞˊ：「對ㄉㄨㄟˋ不ㄅㄨˋ起ㄑㄧˇ，都ㄉㄡ是ㄕˋ我ㄨㄛˇ的ㄉㄜ錯ㄘㄨㄛˋ！」暴ㄅㄠˋ龍ㄌㄨㄥˊ激ㄐㄧ動ㄉㄨㄥˋ的ㄉㄜ說ㄕㄨㄛ。

「其ㄑㄧˊ實ㄕˊ，世ㄕˋ界ㄐㄧㄝˋ最ㄗㄨㄟˋ大ㄉㄚˋ的ㄉㄜ恐ㄎㄨㄥˇ龍ㄌㄨㄥˊ蛋ㄉㄢˋ不ㄅㄨˋ是ㄕˋ被ㄅㄟˋ偷ㄊㄡ走ㄗㄡˇ，而ㄦˊ是ㄕˋ我ㄨㄛˇ降ㄐㄧㄤˋ落ㄌㄨㄛˋ在ㄗㄞˋ博ㄅㄛˊ物ㄨˋ館ㄍㄨㄢˇ時ㄕˊ，把ㄅㄚˇ它ㄊㄚ坐ㄗㄨㄛˋ扁ㄅㄧㄢˇ了ㄌㄜ！」暴ㄅㄠˋ龍ㄌㄨㄥˊ邊ㄅㄧㄢ哭ㄎㄨ邊ㄅㄧㄢ說ㄕㄨㄛ。「我ㄨㄛˇ本ㄅㄣˇ來ㄌㄞˊ不ㄅㄨˋ敢ㄍㄢˇ說ㄕㄨㄛ，它ㄊㄚ的ㄉㄜ碎ㄙㄨㄟˋ片ㄆㄧㄢˋ還ㄏㄞˊ黏ㄋㄧㄢˊ在ㄗㄞˋ我ㄨㄛˇ的ㄉㄜ屁ㄆㄧˋ股ㄍㄨˇ上ㄕㄤˋ，讓ㄖㄤˋ我ㄨㄛˇ屁ㄆㄧˋ股ㄍㄨˇ好ㄏㄠˇ癢ㄧㄤˇ啊ㄚ！」

阿爾瓦雷茲龍家族的恐龍是真正會偷吃蛋的恐龍，例如「秋扒爪龍」。第一件秋扒爪龍標本被發現時，手邊還有竊蛋龍的蛋殼碎片。

研究員噗噗跳聽到暴龍的哭聲也趕緊跑了過來。
他拍拍暴龍說：「別擔心，剛剛我們重新調查後，
發現昨天真品被暫時收到儲藏室了，你壓扁的其
實只是複製品。謝謝你的坦白，我很高興原來博
物館裡沒有小偷。」

「真是太好了！」聽完噗噗跳說的話，滿臉淚水
的暴龍立刻笑了。

突然，一個圓圓的東西從暴龍身上滾下來，發出
「叩」的一聲。「啊，這是跨時空生物劇場的門
票！」達克比撿起來一看，大聲的說：「原來是
團長和脫脫送你來體驗現代世界。你剩下的時間
不多了，最後五秒：五、四、三、二、一……」

41

「咻──叮！」暴龍像風一樣消失不見了。

「真可惜，來不及說再見。」達克比看著大廳的時鐘說：「還好有成功完成任務，並且學到不少恐龍知識。啊！時間不早了，阿美還等我去約會呢，再見囉！」

他對噗噗跳揮揮手，在夕陽餘暉下，走出博物館的大門。

請教暴龍
快問快答

 恐龍一定只吃肉或吃素嗎？ **不一定。**

1歲前　　　　　　　1歲後

不是所有恐龍的食性一輩子不變。例如「難逃泥潭龍」，在1歲前吃肉，長大後牙齒會掉光，成為素食主義者！

 臺灣找得到恐龍化石嗎？ **找不到。**

因為臺灣島大約 600 萬年前才從海裡冒出來，而恐龍早在 6600 萬年前就消失了。 不過島上沒有，並不代表附近的海域一定沒有； 說不定哪天會像挪威一樣， 在外海鑽井時， 鑽到一副恐龍化石喔！

 有沒有會游泳的恐龍？ **有！**

哈茲卡盜龍　　　　　　　棘龍

恐龍是陸生生物， 但的確有些恐龍會游泳， 例如棘龍背部和尾巴上有「帆」的構造， 可以幫助牠們在水中前進。 還有像是哈茲卡盜龍， 能像天鵝一樣在水面或陸地棲息。

 恐龍會尿尿嗎？ **當然會。**

恐龍應該是跟牠們的現代成員——鳥類一樣， 尿尿和大便一起排出。 因為科學家曾在鸚鵡嘴龍的化石上， 發現跟鳥類一樣的排泄構造「泄殖腔」， 所以推論恐龍也跟鳥類一樣， 尿尿齊飛！

達克比出任務❶

誰是偷蛋賊？
科學博物館的恐龍大調查

作者｜胡妙芬、楊子睿
繪者｜Sonia Ku
監修｜國立自然科學博物館

責任編輯｜張玉蓉
美術設計｜曾怡智
行銷企劃｜李佳樺

天下雜誌群創辦人｜殷允芃
董事長兼執行長｜何琦瑜
媒體暨產品事業群
總經理｜游玉雪
副總經理｜林彥傑
總編輯｜林欣靜
行銷總監｜林育菁
主編｜楊琇珊
版權主任｜何晨瑋、黃微真

出版者｜親子天下股份有限公司
地址｜台北市104建國北路一段96號4樓
電話｜（02）2509-2800　傳真｜（02）2509-2462
網址｜www.parenting.com.tw
讀者服務專線｜（02）2662-0332　週一～週五：09:00~17:30
傳真｜（02）2662-6048　客服信箱｜parenting@cw.com.tw
法律顧問｜台英國際商務法律事務所・羅明通律師
製版印刷｜中原造像股份有限公司
總經銷｜大和圖書有限公司　電話：（02）8990-2588

出版日期｜2024年7月第一版第一次印行
定　價｜380元
書　號｜BKKKC274P
Ｉ S B N｜978-626-305-989-4（精裝）

訂購服務
親子天下 Shopping｜shopping.parenting.com.tw
海外・大量訂購｜parenting@cw.com.tw
書香花園｜台北市建國北路二段6巷11號　電話（02）2506-1635
劃撥帳號｜50331356　親子天下股份有限公司

國家圖書館出版品預行編目資料

達克比出任務：誰是偷蛋賊？/胡妙芬文，
楊子睿文；Sonia Ku圖 .– 第一版 .– 臺北市：
親子天下股份有限公司, 2024.07
44面；19.1 x 25公分
國語注音
ISBN 978-626-305-989-4(精裝)

1.CST: 爬蟲類化石 2.CST: 通俗作品

359.574　　　　　　　　　113007742

立即購買 >